Inhaltsverzeichnis

Wiederholung: Zehner zu gemischten Zehnern addieren

1

53 + 20 = ____

2

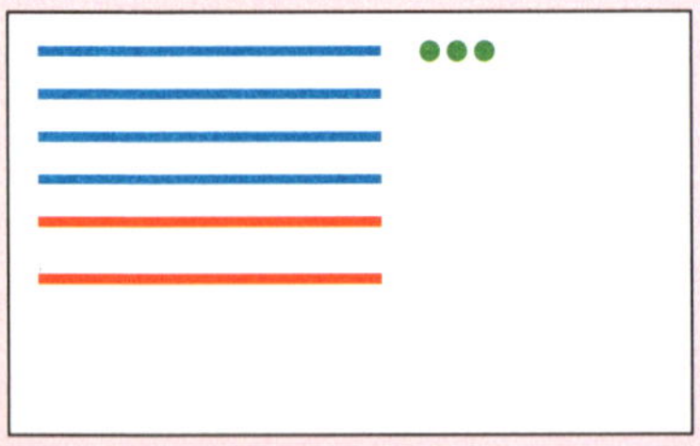

43 + 20 = ____

33 + 20 = ____

23 + 20 = ____

3

31 + 30 = ____

27 + 40 = ____

55 + 20 = ____

4

37 + 10 = ____	26 + 10 = ____	41 + 10 = ____
37 + 20 = ____	26 + 20 = ____	41 + 20 = ____
37 + 30 = ____	26 + 30 = ____	41 + 30 = ____
37 + 40 ____	____	____
37 + ____	____	____

5

23 + 60 = ____	54 + 30 = ____	65 + 30 = ____
62 + 10 = ____	41 + 40 = ____	22 + 70 = ____
37 + 20 = ____	16 + 80 = ____	39 + 20 = ____

48 57 59 72 81 83 84 92 95 96

2 und 3 Aufgaben in Geheimschrift zeichnen, dann Lösungen eintragen.
4 Aufgabenfolgen fortsetzen. 5 Aufgaben gegebenenfalls mit Hilfe der Geheimschrift lösen.

Wiederholung: Einer zu gemischten Zehnern addieren

1

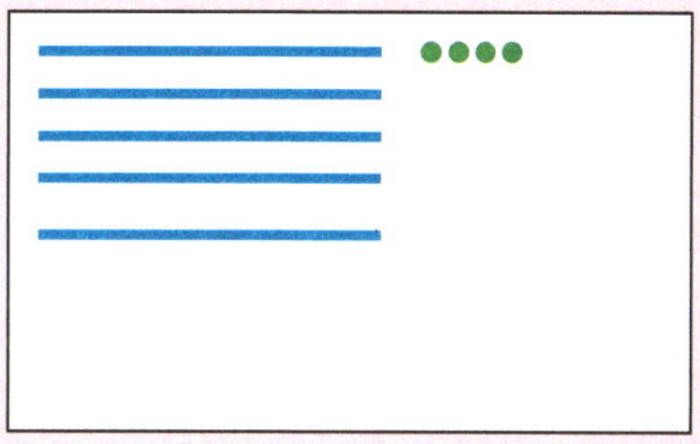

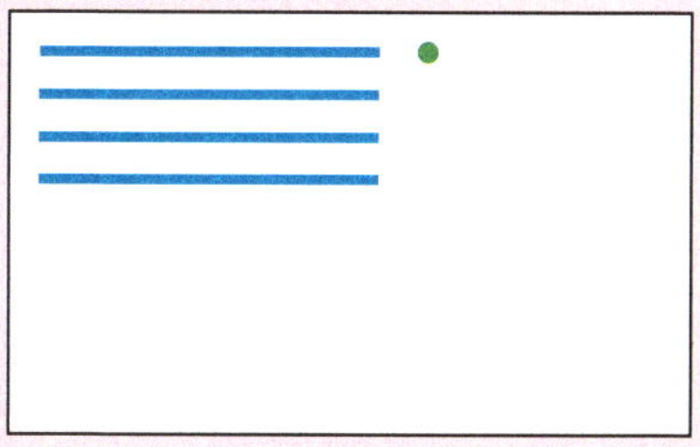

32 + 3 = ____   54 + 2 = ____   41 + 7 = ____

2

73 + 4 = ____   23 + 6 = ____   62 + 5 = ____

3

17 + 2 = ____   64 + 4 = ____   93 + 2 = ____
54 + 5 = ____   73 + 3 = ____   87 + 1 = ____
63 + 3 = ____   92 + 2 = ____   94 + 5 = ____

19   59   66   68   76   88   89   94   95   99

4

31 + 5 = ____   81 + 6 = ____   23 + 2 = ____
32 + 6 = ____   81 + 7 = ____   24 + 3 = ____
33 + 4 = ____   81 + 8 = ____   25 + 4 = ____

25   27   29   32   36   37   38   87   88   89

5

67 + 3 = ____   37 + 3 = ____   42 + 8 = ____
82 + 8 = ____   53 + 7 = ____   15 + 5 = ____
99 + 1 = ____   27 + 3 = ____   76 + 4 = ____

10   20   30   40   50   60   70   80   90   100

1 und 2 Aufgaben in Geheimschrift zeichnen, dann Lösung eintragen.
3 bis 5 Aufgaben gegebenfalls mit Hilfe der Geheimschrift lösen.

Schrittweises Addieren zweistelliger Zahlen

1

52 + 22

5	2	+	2	2	=		

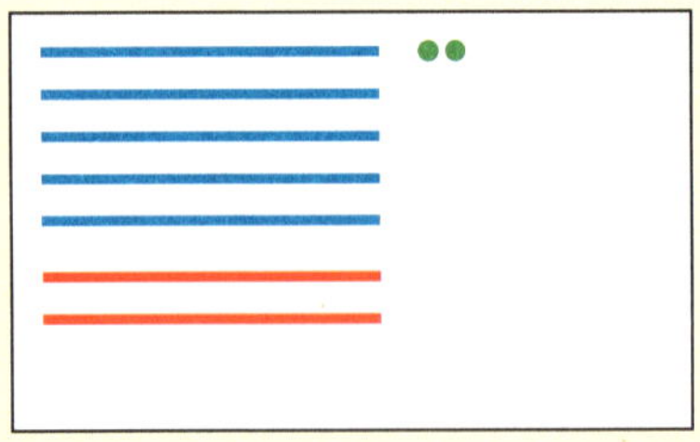

5	2	+	2	2	=		
5	2	+	2	0	=	7	2

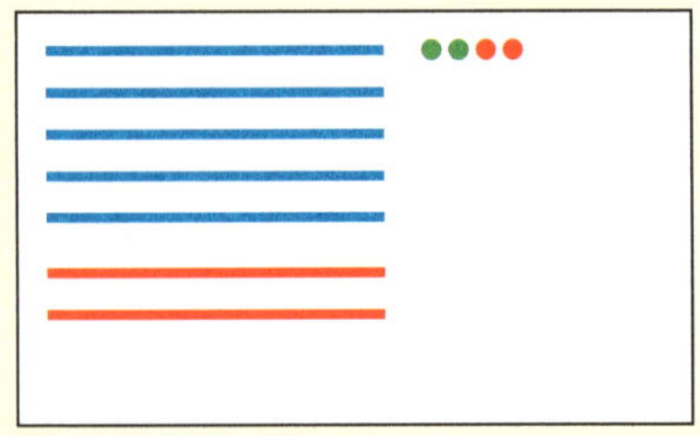

5	2	+	2	2	=	7	4
5	2	+	2	0	=	7	2
7	2	+		2	=	7	4

2

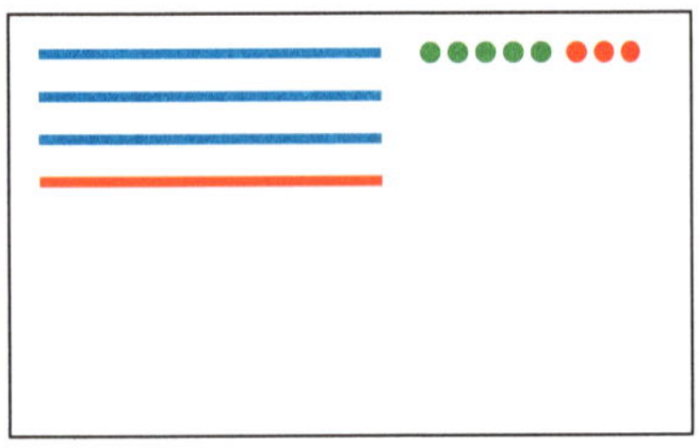

3	5	+	1	3	=		
3	5	+	1	0	=		
		+		3	=		

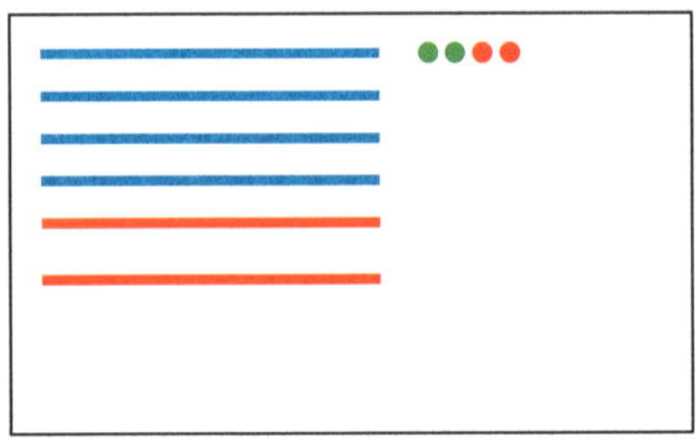

4	2	+	2	2	=		
4	2	+	2	0	=		
		+		2	=		

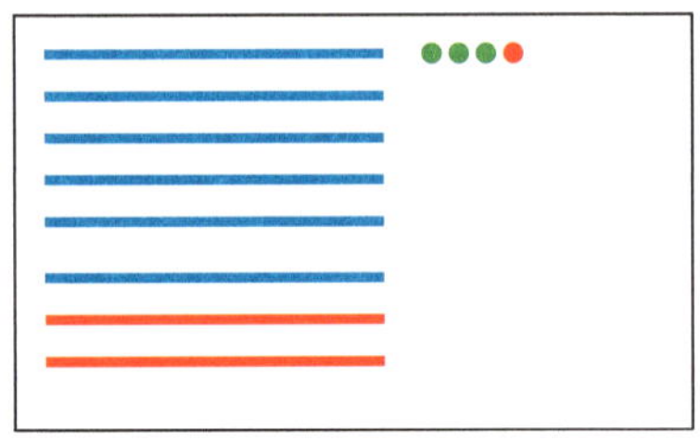

6	3	+	2	1	=		
6	3	+	2	0	=		
		+		1	=		

3

8	6	+	1	2	=		
8	6	+			=		
		+			=		

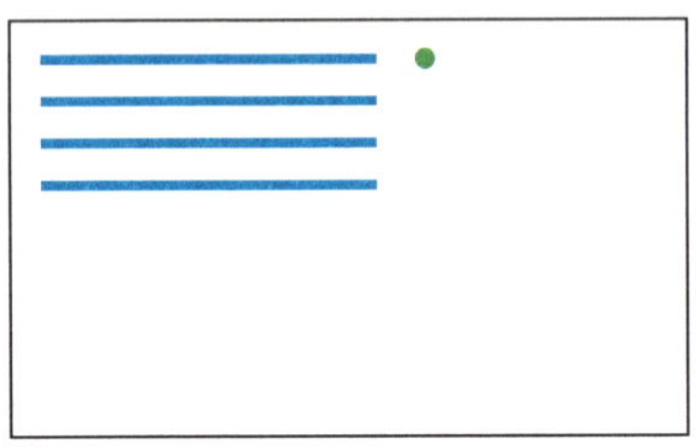

4	1	+	3	5	=		
4	1	+			=		
		+			=		

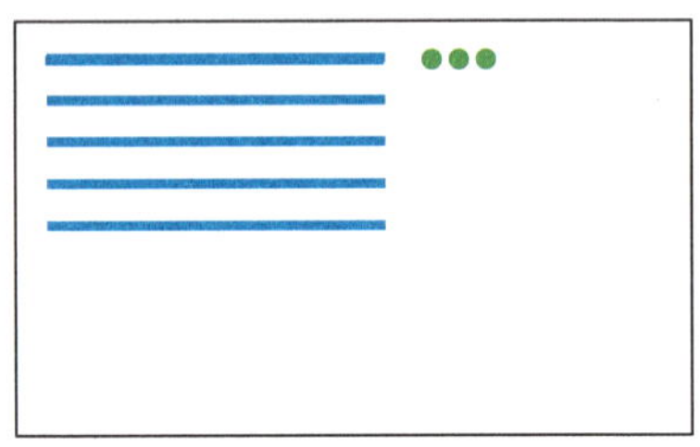

5	3	+	1	6	=		
5	3	+			=		
		+			=		

4

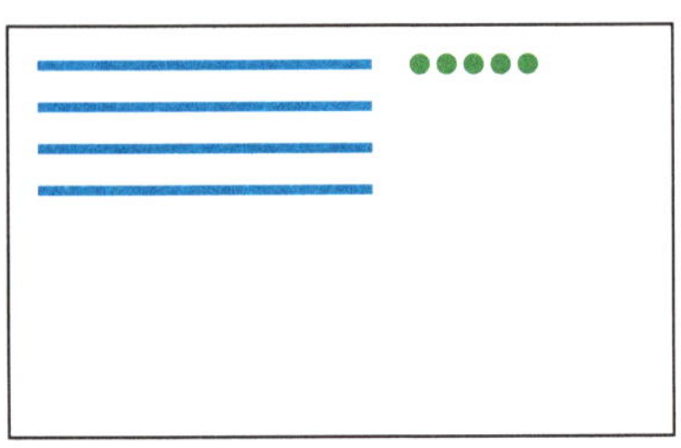

4	5	+	2	4	=		
4	5	+			=		
		+			=		

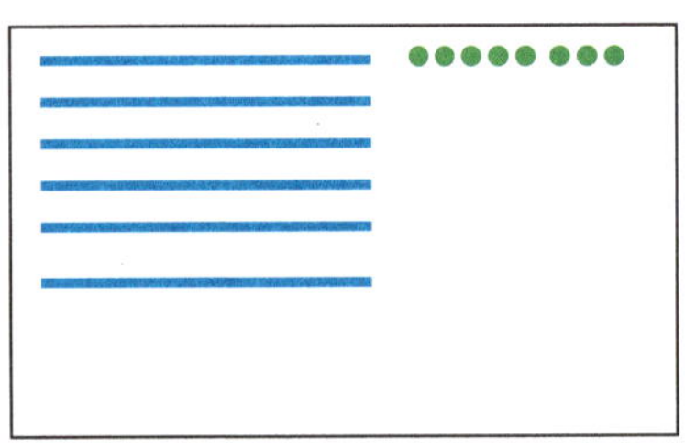

6	8	+	2	1	=		
6	8	+			=		
		+			=		

5	6	+	3	2	=		
5	6	+			=		
		+			=		

3 und 4 Aufgaben mit der Geheimschrift lösen. Zehner und Einer dazu zeichnen.

1

22 + 46 =	65 + 24 =	52 + 35 =
22 + 40 =	65 + =	52 + =
+ 6 =	+ =	+ =

2

54 + 31 =	84 + 15 =	64 + 23 =
+ =	+ =	+ =
+ =	+ =	+ =

3

34 + 42 =	25 + 52 =	26 + 73 =
+ =	+ =	+ =
+ =	+ =	+ =

4

47 + 51 =	73 + 25 =	13 + 53 =
+ =	+ =	+ =
+ =	+ =	+ =

1 bis 4 Aufgaben mit der Geheimschrift lösen.

Schrittweises Addieren zweistelliger Zahlen

1

44 + 51 =
44 + 50 =
+ 1 =

44 + 52 =
44 + =
+ =

44 + 53 =
44 + =
+ =

2

56 + 31 =
+ =
+ =

56 + 32 =
+ =
+ =

56 + 33 =
+ =
+ =

3

48 + 31 =
+ =
+ =

72 + 27 =
+ =
+ =

4

34 + 25 =
+ =
+ =

15 + 64 =
+ =
+ =

5

26 + 53 =
+ =
+ =

35 + 62 =
+ =
+ =

54 + 44 =
+ =
+ =

6

64 + 21 =
+ =
+ =

57 + 22 =
+ =
+ =

26 + 42 =
+ =
+ =

7

42 + 36 =
+ =
+ =

28 + 61 =
+ =
+ =

13 + 33 =
+ =
+ =

8

71 + 11 =
+ =
+ =

52 + 33 =
+ =
+ =

37 + 32 =
+ =
+ =

1 und 8 Aufgaben gegebenenfalls mit Hilfe der Geheimschrift lösen.

1

46 + 33 =	46 + 43 =	46 + 53 =
46 + 30 =	46 + =	46 + =
+ 3 =	+ =	+ =

2

23 + 24 =	23 + 34 =	23 + 44 =
+ =	+ =	+ =
+ =	+ =	+ =

3

44 + 33 =	25 + 63 =	25 + 61 =
+ =	+ =	+ =
+ =	+ =	+ =

4

74 + 23 =	27 + 21 =	56 + 41 =
+ =	+ =	+ =
+ =	+ =	+ =

5

32 + 37 =	38 + 61 =	23 + 36 =
+ =	+ =	+ =
+ =	+ =	+ =

6

61 + 17 =	42 + 34 =	27 + 31 =
+ =	+ =	+ =
+ =	+ =	+ =

7

34 + 53 = ____	55 + 13 = ____	86 + 11 = ____
21 + 18 = ____	43 + 32 = ____	27 + 62 = ____
53 + 21 = ____	71 + 12 = ____	45 + 54 = ____

39 62 68 74 75 83 87 89 97 99

8

12 + 32 = ____	63 + 21 = ____	44 + 43 = ____
25 + 31 = ____	23 + 46 = ____	33 + 22 = ____
26 + 42 = ____	41 + 38 = ____	31 + 32 = ____

44 55 56 57 63 68 69 79 84 87

7 und 8 Aufgaben im Kopf rechnen oder gegebenenfalls schrittweise ins Heft schreiben.

1

43 + 23 = ____
44 + 23 = ____
45 + 23 = ____
____

2

12 + 34 = ____
13 + 34 = ____
14 + 34 = ____
____
____

71 + 21 = ____
72 + 21 = ____
73 + 21 = ____
____
____

24 + 62 = ____
25 + 62 = ____
26 + 62 = ____
____
____

3

45 + 12 = ____
45 + 22 = ____
45 + 32 = ____
____
____

34 + 23 = ____
34 + 33 = ____
34 + 43 = ____
____
____

23 + 26 = ____
23 + 36 = ____
23 + 46 = ____
____
____

Die 1. Zahl bleibt immer gleich, die 2. Zahl wird immer um 10 größer, das Ergebnis wird immer um ____ größer.

4

13 + 36 = ____
23 + 36 = ____
33 + 36 = ____
____
____

42 + 17 = ____
52 + 17 = ____
62 + 17 = ____
____
____

25 + 22 = ____
35 + 22 = ____
45 + 22 = ____
____
____

Die 1. Zahl ist immer um 10 größer, die 2. Zahl bleibt immer gleich, das Ergebnis wird immer um ____ größer.

1 bis 4 Aufgabenfolgen fortsetzen.

1

34 21	34 22	34 23	34 24

2

66 33	66 32	66 31	66 30

3

13 74	23 64	33 54	43 44

4

14 51	14 52	14 53	14 54

5

72 21	72 11	62 21	62 11

6

12 21	32 21	52 21	72 21

7

15 71	15 51	15 31	15 11

Wiederholung: Zehner von gemischten Zehnern subtrahieren

1

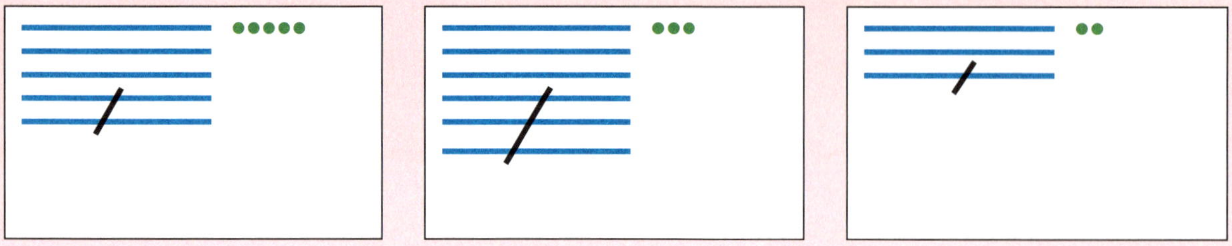

55 – 20 = ____ 63 – 30 = ____ 32 – 10 = ____

2

87 – 20 = ____ 56 – 40 = ____ 73 – 20 = ____

3

98 – 40 = ____ 64 – 20 = ____ 81 – 60 = ____

4

74 – 30 = ____ 69 – 20 = ____ 93 – 60 = ____
89 – 70 = ____ 95 – 50 = ____ 51 – 30 = ____
48 – 20 = ____ 23 – 10 = ____ 76 – 40 = ____
56 – 40 = ____ 37 – 20 = ____ 84 – 50 = ____

13 16 17 19 21 22 28 33 34 36 44 45 49

5

85 – 60 = ____ 46 – 30 = ____ 68 – 30 = ____
29 – 20 = ____ 93 – 40 = ____ 42 – 10 = ____
72 – 50 = ____ 38 – 20 = ____ 87 – 40 = ____
67 – 10 = ____ 51 – 30 = ____ 91 – 20 = ____

9 11 16 18 21 22 25 32 38 47 53 57 71

2 und 3 Zehnerstriche entsprechend streichen, dann Lösung aufschreiben.
4 und 5 Aufgaben gegebenenfalls mit Hilfe der Geheimschrift lösen.

1

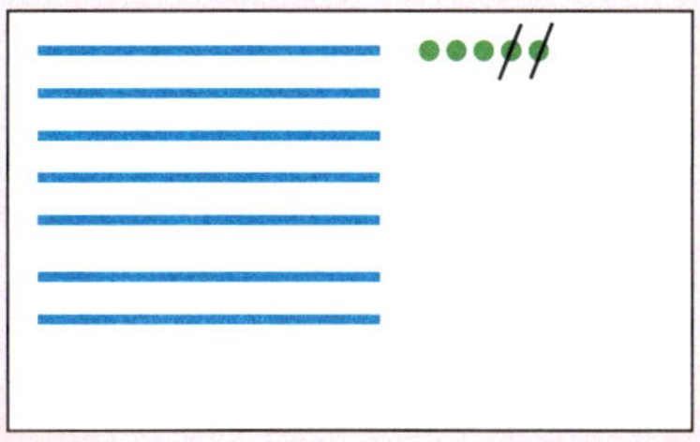

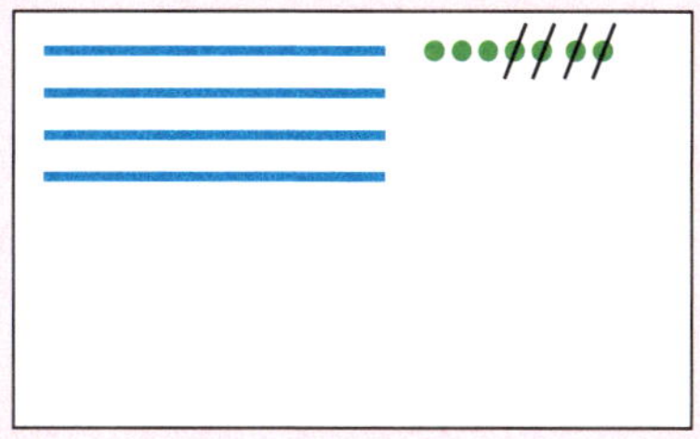

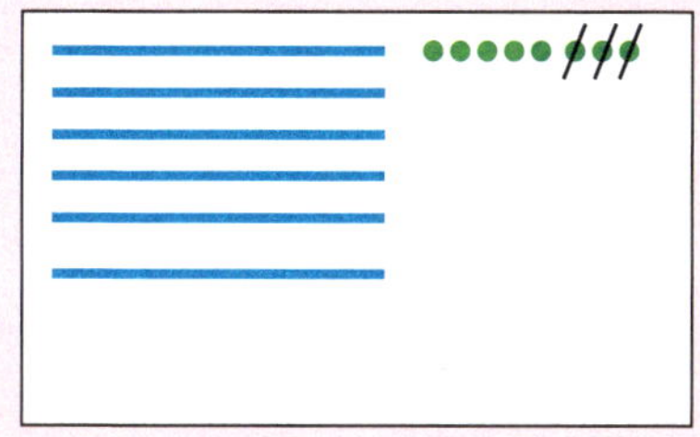

75 − 2 = ___ 47 − 4 = ___ 68 − 3 = ___

2

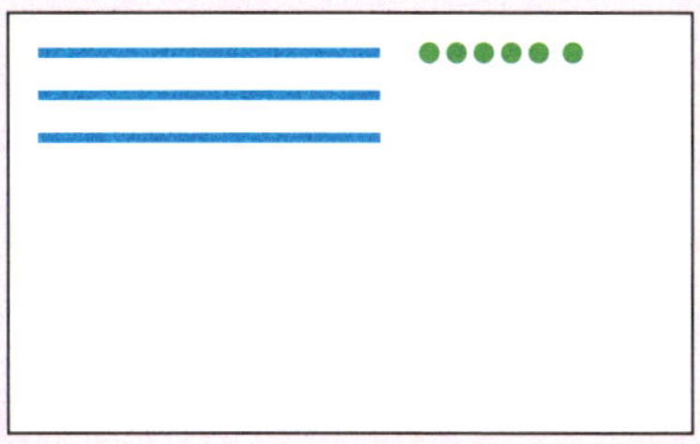

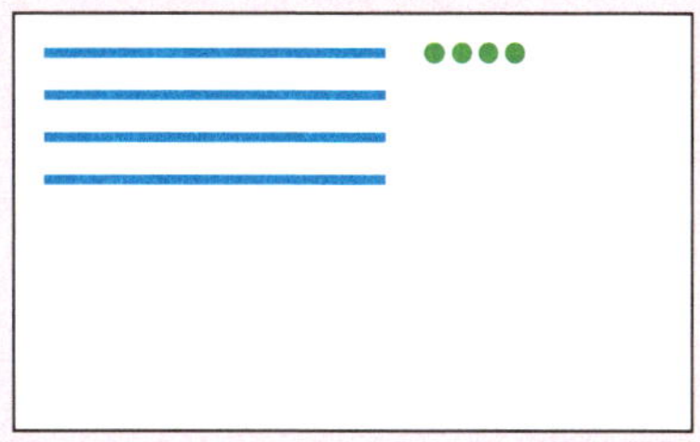

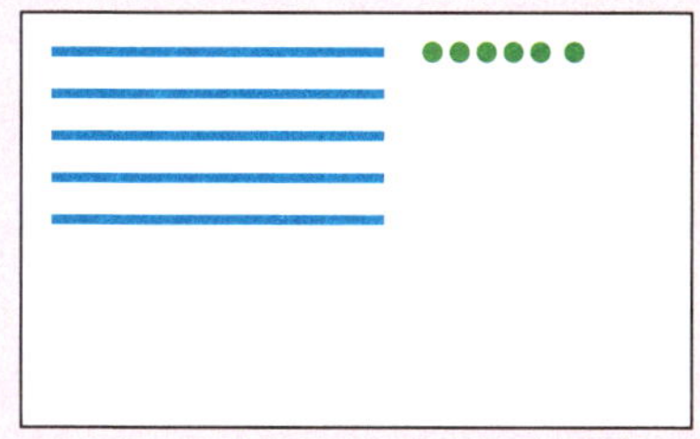

36 − 4 = ___ 44 − 3 = ___ 56 − 4 = ___

3

49 − 5 = ___	67 − 5 = ___	84 − 3 = ___
27 − 6 = ___	98 − 7 = ___	69 − 7 = ___
86 − 3 = ___	35 − 3 = ___	56 − 6 = ___
54 − 2 = ___	79 − 6 = ___	28 − 6 = ___

4

89 − 7 = ___	68 − 7 = ___	47 − 2 = ___
68 − 6 = ___	98 − 4 = ___	69 − 5 = ___
37 − 5 = ___	43 − 2 = ___	28 − 7 = ___
54 − 2 = ___	57 − 6 = ___	19 − 3 = ___

5

86 − 4 = ___	75 − 3 = ___	28 − 5 = ___
76 − 4 = ___	65 − 3 = ___	38 − 5 = ___
66 − 4 = ___	55 − 3 = ___	48 − 5 = ___
56 − 4 = ___	45 − 3 = ___	58 − 5 = ___
___	___	___

Die 1. Zahl wird immer um ___ kleiner, die 2. Zahl bleibt immer gleich, das Ergebnis wird immer um ___ kleiner.

1 und 2 Zehnerstriche entsprechend streichen, dann Lösung aufschreiben.

Schrittweises Subtrahieren zweistelliger Zahlen

1

54 − 21

Ich streiche weg: zuerst die Zehner,

... dann die Einer.

54 − 21 =

54 − 21 =
54 − 20 = 34

54 − 21 = 33
54 − 20 = 34
34 − 1 = 33

2

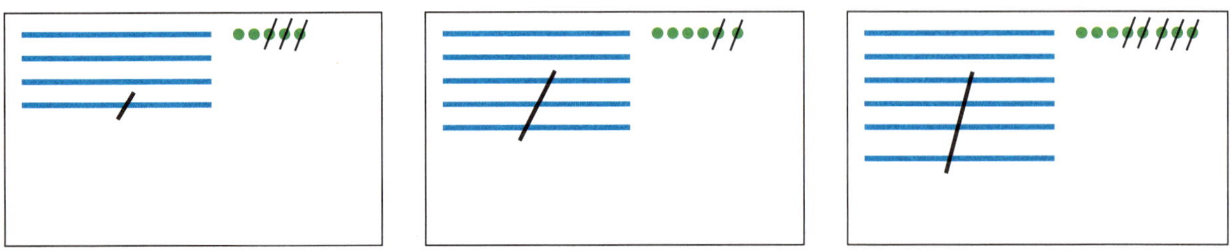

45 − 13 =
45 − 10 =
− 3 =

56 − 32 =
56 − 30 =
− 2 =

68 − 45 =
68 − 40 =
− 5 =

3

78 − 36 =
78 − =
− =

84 − 62 =
84 − =
− =

54 − 32 =
54 − =
− =

4

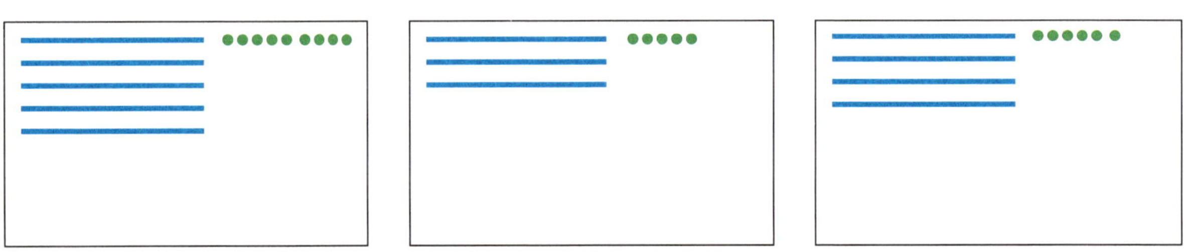

59 − 27 =
− =
− =

35 − 12 =
− =
− =

46 − 34 =
− =
− =

3 und 4 Aufgaben mit der Geheimschrift lösen. Zehner und Einer durchstreichen.

Schrittweises Subtrahieren zweistelliger Zahlen

1

6	3	–	3	2	=		
6	3	–			=		
		–			=		

7	8	–	4	5	=		
7	8	–			=		
		–			=		

8	9	–	5	7	=		
8	9	–			=		
		–			=		

2

5	4	–	1	3	=		
		–			=		
		–			=		

4	7	–	3	5	=		
		–			=		
		–			=		

3	6	–	1	4	=		
		–			=		
		–			=		

3

9	5	–	6	2	=		
		–			=		
		–			=		

6	8	–	1	7	=		
		–			=		
		–			=		

7	6	–	5	3	=		
		–			=		
		–			=		

4

4	9	–	2	6	=		
		–			=		
		–			=		

5	3	–	4	1	=		
		–			=		
		–			=		

3	9	–	2	8	=		
		–			=		
		–			=		

1 bis 4 Aufgaben mit Hilfe der Geheimschrift lösen.

Schrittweises Subtrahieren zweistelliger Zahlen

1

78 – 36 =
78 – 30 =
– 6 =

78 – 35 =
78 – 30 =
– 5 =

78 – 34 =
78 – 30 =
– 4 =

2

57 – 26 =
– =
– =

57 – 25 =
– =
– =

57 – 24 =
– =
– =

3

65 – 41 =
– =
– =

46 – 35 =
– =
– =

23 – 12 =
– =
– =

4

59 – 36 =
– =
– =

77 – 51 =
– =
– =

5

68 – 23 =
– =
– =

96 – 43 =
– =
– =

6

35 – 24 =
– =
– =

59 – 47 =
– =
– =

72 – 51 =
– =
– =

7

87 – 46 =
– =
– =

48 – 22 =
– =
– =

27 – 23 =
– =
– =

8

69 – 56 =
– =
– =

37 – 25 =
– =
– =

98 – 32 =
– =
– =

Schrittweises Subtrahieren zweistelliger Zahlen

1

75 − 23 =
75 − 20 =
− =

75 − 33 =
75 − =
− =

75 − 43 =
75 − =
− =

2

98 − 46 =
98 − =
− =

98 − 56 =
98 − =
− =

98 − 66 =
98 − =
− =

3

46 − 24 =
− =
− =

64 − 31 =
− =
− =

87 − 52 =
− =
− =

4

38 − 24 =
− =
− =

29 − 18 =
− =
− =

67 − 34 =
− =
− =

5

79 − 64 =
− =
− =

96 − 35 =
− =
− =

43 − 12 =
− =
− =

6

85 − 42 =
− =
− =

58 − 46 =
− =
− =

57 − 16 =
− =
− =

7

92 − 61 = ____
84 − 23 = ____
79 − 46 = ____

69 − 57 = ____
28 − 14 = ____
47 − 32 = ____

74 − 23 = ____
68 − 36 = ____
35 − 12 = ____

12 14 15 23 31 32 33 47 51 61

8

28 − 16 = ____
82 − 51 = ____
54 − 21 = ____

49 − 25 = ____
65 − 42 = ____
78 − 57 = ____

88 − 51 = ____
94 − 62 = ____
37 − 11 = ____

12 21 23 24 26 31 32 33 35 37

7 und 8 Aufgaben im Kopf rechnen oder gegebenenfalls schrittweise ins Heft schreiben.

Übungen zum Subtrahieren

1

94 – 23 =
– =
– =

78 – 31 =
– =
– =

67 – 43 =
– =
– =

2

59 – 42 =
– =
– =

86 – 15 =
– =
– =

47 – 34 =
– =
– =

3

38 – 24 =
– =
– =

97 – 61 =
– =
– =

84 – 72 =
– =
– =

4

95 – 32 = ____	57 – 36 = ____	88 – 17 = ____
68 – 54 = ____	49 – 24 = ____	65 – 23 = ____
89 – 63 = ____	78 – 33 = ____	86 – 64 = ____
76 – 44 = ____	99 – 62 = ____	59 – 42 = ____

14 17 21 22 25 26 32 37 42 45 52 63 71

5

27 – 24 = ____	96 – 45 = ____	84 – 31 = ____
43 – 31 = ____	79 – 62 = ____	49 – 23 = ____
58 – 26 = ____	87 – 24 = ____	53 – 12 = ____
85 – 52 = ____	65 – 42 = ____	78 – 16 = ____

3 12 17 23 26 32 33 38 41 51 53 62 63

6

– 24	
86	
48	
65	
39	

– 32	
97	
64	
49	
53	

– 43	
87	
58	
69	
76	

– 51	
76	
59	
82	
96	

7

– 52	
83	
78	
69	
97	

– 46	
98	
67	
89	
58	

– 31	
52	
79	
84	
76	

– 25	
48	
59	
87	
96	

1

98 – 23 = ____
88 – 23 = ____
78 – 23 = ____
68 – 23 = ____
____

87 – 35 = ____
77 – 35 = ____
67 – 35 = ____
57 – 35 = ____
____

76 – 14 = ____
66 – 14 = ____
56 – 14 = ____
46 – ____ = ____
____

Die 1. Zahl wird immer um ____ kleiner, die 2. Zahl bleibt immer gleich, das Ergebnis wird immer um ____ kleiner.

2

96 – 32 = ____
96 – 42 = ____
96 – 52 = ____
96 – ____ = ____
____

89 – 26 = ____
89 – 36 = ____
89 – 46 = ____
89 – ____ = ____
____

78 – 15 = ____
78 – 25 = ____
78 – 35 = ____
78 – ____ = ____
____

Die 1. Zahl bleibt immer gleich, die 2. Zahl wird immer um 10 größer, das Ergebnis wird immer um ____ kleiner.

3

57 – 13 = ____
67 – 23 = ____
77 – 33 = ____
87 – 43 = ____
____

59 – 34 = ____
69 – 44 = ____
79 – 54 = ____
89 – 64 = ____
____

47 – 11 = ____
57 – 21 = ____
67 – 31 = ____
77 – 41 = ____
____

Die 1. Zahl wird immer um ____ größer, die 2. Zahl wird immer um ____ größer, das Ergebnis bleibt immer ________.

Wiederholung: Zerlegen der Zahlen bis 10

1

9		8		7		6	
4	5	2		4		5	
1		6		3		1	
8		3		1		4	
3		5		6		3	
6		7		5		2	
2		1		2			
7		4					
5							

2

5		4		3		2	
2		3		1		1	
4		1		2			
1		2					
3							

3

10		10		10		10	
4		6		9		2	
8		1		2		6	
7		3		5		4	

4

10		10		10		10	
	2		9		4		3
3		5		7		6	
	6		1		8		5

Wiederholung: Zerlegen in Zehner und Einer

1

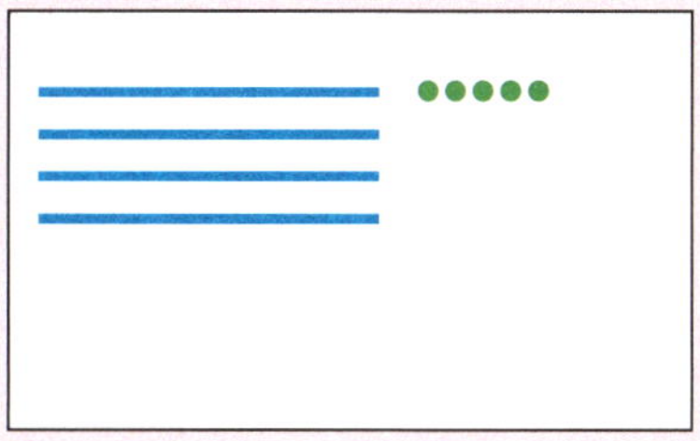
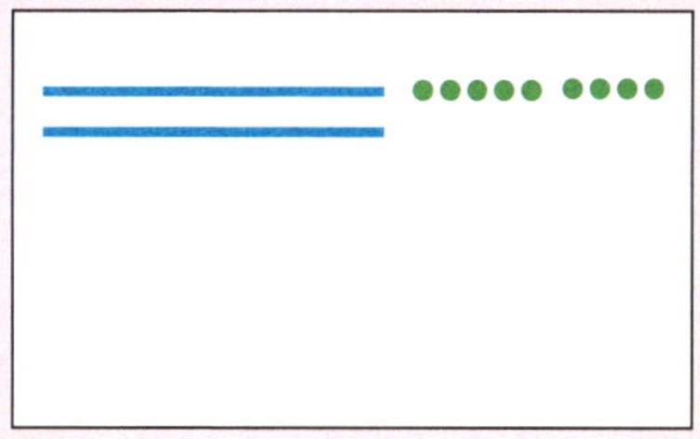
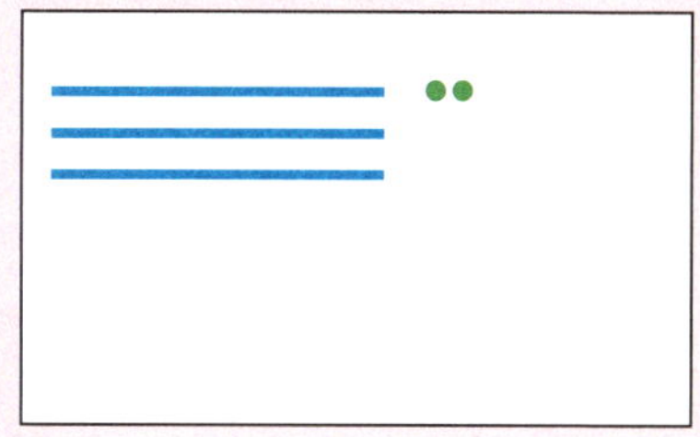

45 = 4 Z + 5 E
45 = 40 + 5

29 = ___ Z + ___ E
29 = ___ + ___

32 = ___ Z + ___ E
32 = ___ + ___

2

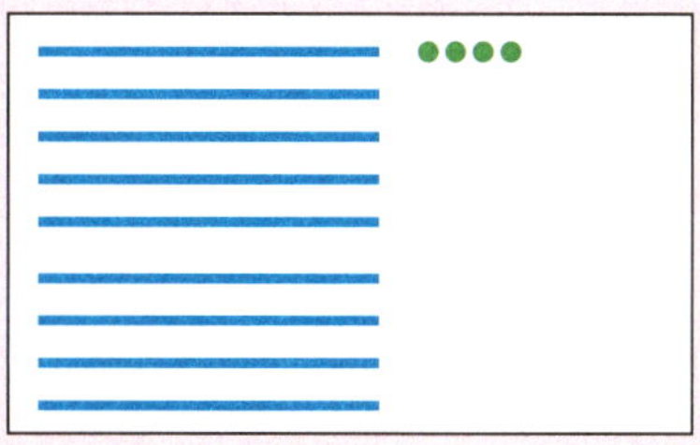
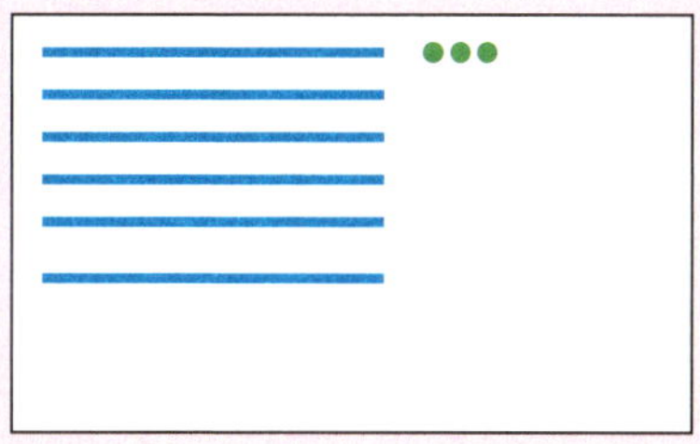

94 = ___ Z + ___ E
94 = ___ + ___

63 = ___ Z + ___ E
63 = ___ + ___

81 = ___ Z + ___ E
81 = ___ + ___

3

39 = ___ Z + ___ E
39 = ___ + ___

17 = ___ Z + ___ E
17 = ___ + ___

78 = ___ Z + ___ E
78 = ___ + ___

4

52 = ___ Z + ___ E
52 = ___ + ___

45 = ___ Z + ___ E
45 = ___ + ___

86 = ___ Z + ___ E
86 = ___ + ___

5

96 = 90 + 6	76 = ___ + ___	84 = ___ + ___
33 = ___ + ___	27 = ___ + ___	72 = ___ + ___
58 = ___ + ___	67 = ___ + ___	93 = ___ + ___
94 = ___ + ___	42 = ___ + ___	35 = ___ + ___

6

66 = ___ + ___	27 = ___ + ___	23 = ___ + ___
65 = ___ + ___	49 = ___ + ___	87 = ___ + ___
41 = ___ + ___	75 = ___ + ___	56 = ___ + ___
14 = ___ + ___	48 = ___ + ___	90 = ___ + ___

Wiederholung: Addieren mit Zehnerübergang

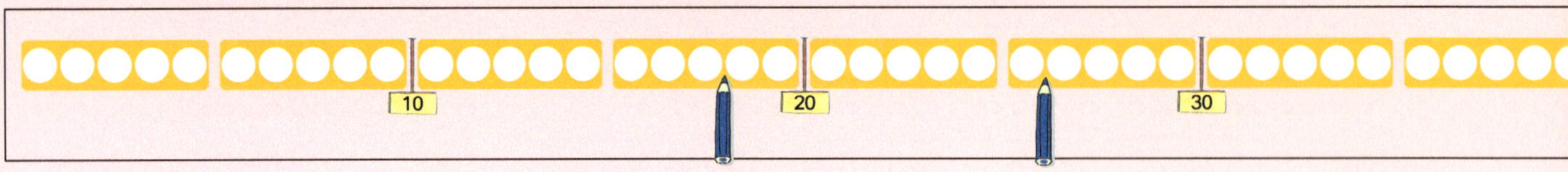

1

18 + 8

Erst 2 dazu bis 20, ...

... dann noch 6 dazu.

1	8	+	8	=		

1	8	+	8	=		
1	8	+	2	=	2	0

1	8	+	8	=	2	6
1	8	+	2	=	2	0
2	0	+	6	=	2	6

2

Erst ____ dazu bis 30, dann noch ____ dazu.

Erst ____ dazu bis 40, dann noch ____ dazu.

Erst ____ dazu bis 50, dann noch ____ dazu.

2	8	+	8	=		
2	8	+		=	3	0
3	0	+		=		

3	8	+	8	=		
3	8	+		=	4	0
4	0	+		=		

4	8	+	8	=		
4	8	+		=	5	0
5	0	+		=		

3

3	7	+	5	=		
3	7	+		=	4	0
4	0	+		=		

4	8	+	6	=		
4	8	+		=	5	0
		+		=		

5	6	+	8	=		
5	6	+		=	6	0
		+		=		

4

4	9	+	5	=		
4	9	+		=	5	0
		+		=		

5	8	+	7	=		
5	8	+		=	6	0
		+		=		

3	4	+	8	=		
3	4	+		=	4	0
		+		=		

5

16 + 7 = ____ 28 + 3 = ____ 58 + 4 = ____

24 + 8 = ____ 44 + 9 = ____ 77 + 7 = ____

69 + 2 = ____ 86 + 6 = ____ 19 + 5 = ____

23 24 31 32 43 53 62 71 84 92

1 Erzählen, wie Zahlix die Aufgabe zeigt und schreibt. 2 bis 4 Gegebenenfalls die Aufgaben mit zwei Stiften oben an den Rechenschiffen zeigen. 5 Gegebenenfalls die Aufgaben schrittweise im Heft lösen.

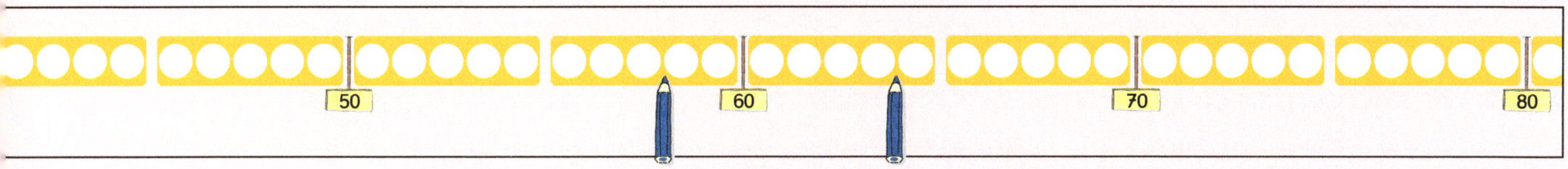

1

64 − 6

Erst 4 weg bis 60, …

… dann noch 2 weg.

6	4	−	6	=		

6	4	−	6	=		
6	4	−	4	=	6	0

6	4	−	6	=	5	8
6	4	−	4	=	6	0
6	0	−	2	=	5	8

2

Erst ____ weg bis 50, dann noch ____ weg.

Erst ____ weg bis 40, dann noch ____ weg.

Erst ____ weg bis 30, dann noch ____ weg.

5	4	−	6	=		
5	4	−		=	5	0
5	0	−		=		

4	4	−	6	=		
4	4	−		=	4	0
4	0	−		=		

3	4	−	6	=		
3	4	−		=	3	0
3	0	−		=		

3

7	2	−	9	=		
7	2	−		=		
		−		=		

8	7	−	9	=		
8	7	−		=		
		−		=		

7	4	−	9	=		
7	4	−		=		
		−		=		

4

6	3	−	5	=		
6	3	−		=		
		−		=		

5	2	−	6	=		
5	2	−		=		
		−		=		

6	4	−	8	=		
6	4	−		=		
		−		=		

5

22 − 6 = ____　　35 − 8 = ____　　74 − 6 = ____

54 − 7 = ____　　43 − 7 = ____　　63 − 6 = ____

83 − 5 = ____　　76 − 9 = ____　　45 − 8 = ____

16　27　36　37　47　57　67　68　71　78

1 Erzählen, wie Zahline die Aufgabe zeigt und schreibt. 2 bis 4 Gegebenenfalls die Aufgaben mit zwei Stiften oben an den Rechenschiffen zeigen. 5 Gegebenenfalls die Aufgaben schrittweise im Heft lösen.

Addieren zweistelliger Zahlen mit Zehnerübergang

1

38 + 26

Erst die Zehner dazu.

3	8	+	2	6	=		
3	8	+	2	0	=	5	8

Nun die Einer. Erst bis zum Zehner, ...

3	8	+	2	6	=		
3	8	+	2	0	=	5	8
5	8	+		2	=	6	0

... dann weiter.

3	8	+	2	6	=	6	4
3	8	+	2	0	=	5	8
5	8	+		2	=	6	0
6	0	+		4	=	6	4

2

3	8	+	1	6	=		
3	8	+	1	0	=		
		+			=		
		+			=		

3	8	+	3	6	=		
3	8	+	3	0	=		
		+			=		
		+			=		

3	8	+	4	6	=		
3	8	+	4	0	=		
		+			=		
		+			=		

3

4	8	+	1	6	=		
		+			=		
		+			=		
		+			=		

4	8	+	3	6	=		
		+			=		
		+			=		
		+			=		

4	8	+	4	6	=		
		+			=		
		+			=		
		+			=		

4

4	6	+	1	7	=		
		+			=		
		+			=		
		+			=		

3	5	+	3	8	=		
		+			=		
		+			=		
		+			=		

5	2	+	2	9	=		
		+			=		
		+			=		
		+			=		

5

7	7	+	1	5	=		
		+			=		
		+			=		
		+			=		

2	8	+	3	6	=		
		+			=		
		+			=		
		+			=		

4	7	+	4	5	=		
		+			=		
		+			=		
		+			=		

6

2	6	+	5	7	=		
		+			=		
		+			=		
		+			=		

5	7	+	1	7	=		
		+			=		
		+			=		
		+			=		

3	3	+	5	8	=		
		+			=		
		+			=		
		+			=		

7

2	7	+	4	4	=		
		+			=		
		+			=		
		+			=		

6	7	+	2	5	=		
		+			=		
		+			=		
		+			=		

3	9	+	1	3	=		
		+			=		
		+			=		
		+			=		

1 Erzählen, wie schrittweise gerechnet und geschrieben wird.

1

25 + 27 =
25 + 20 =
+ =
+ =

35 + 27 =
+ =
+ =
+ =

55 + 27 =
+ =
+ =
+ =

2

36 + 27 =
+ =
+ =
+ =

46 + 27 =
+ =
+ =
+ =

66 + 27 =
+ =
+ =
+ =

3

18 + 18 =
+ =
+ =
+ =

57 + 34 =
+ =
+ =
+ =

36 + 15 =
+ =
+ =
+ =

4

46 + 38 =
+ =
+ =
+ =

65 + 26 =
+ =
+ =
+ =

16 + 69 =
+ =
+ =
+ =

5

27 + 15 = ____	15 + 56 = ____	48 + 48 = ____
47 + 26 = ____	25 + 56 = ____	37 + 37 = ____
57 + 34 = ____	35 + 29 = ____	26 + 26 = ____

42 52 64 68 71 73 74 81 91 96

6

37 + 15 = ____	29 + 26 = ____	16 + 17 = ____
47 + 15 = ____	39 + 26 = ____	26 + 17 = ____
57 + 15 = ____	49 + 26 = ____	36 + 17 = ____
67 + 15 = ____	59 + 26 = ____	46 + 17 = ____
________	________	________

Die 1. Zahl wird immer um ____ größer, die 2. Zahl bleibt immer gleich, das Ergebnis wird immer um ____ größer.

5 Gegebenenfalls die Aufgaben schrittweise im Heft lösen. 6 Aufgabenfolge fortsetzen.

Addieren zweistelliger Zahlen mit Zehnerübergang

1 So geht es kürzer.

27 + 38

Erst die Zehner dazu.

2	7	+	3	8	=		
2	7	+	3	0	=	5	7

Nun die Einer auf einmal dazu.

2	7	+	3	8	=	6	5
2	7	+	3	0	=	5	7
5	7	+		8	=	6	5

2

27 + 28 =
\+ =
\+ =

27 + 18 =
\+ =
\+ =

27 + 48 =
\+ =
\+ =

3

35 + 26 =
\+ =
\+ =

25 + 26 =
\+ =
\+ =

55 + 26 =
\+ =
\+ =

4

48 + 37 =
\+ =
\+ =

37 + 24 =
\+ =
\+ =

66 + 16 =
\+ =
\+ =

5

55 + 26 =
\+ =
\+ =

67 + 27 =
\+ =
\+ =

76 + 18 =
\+ =
\+ =

6

68 + 18 = ____
48 + 18 = ____
38 + 18 = ____

44 + 27 = ____
58 + 35 = ____
45 + 28 = ____

39 + 25 = ____
77 + 17 = ____
55 + 36 = ____

56 64 66 71 73 78 86 91 93 94

7

38 + 22 = ____
17 + 13 = ____
21 + 29 = ____

35 + 35 = ____
44 + 46 = ____
57 + 43 = ____

16 + 24 = ____
10 + 10 = ____
55 + 25 = ____

10 20 30 40 50 60 70 80 90 100

1 Erzählen, wie Zahlix die Aufgabe kürzer schreibt.
6 und 7 Gegebenenfalls die Aufgaben schrittweise im Heft lösen.

24 + 28 = 52 ☒
24 + 25 = 49 ☐
24 + 29 = 53 ☒

2	4	+	2	8	=	5	2
2	4	+	2	0	=	4	4
4	4	+		8	=	5	2

2	4	+	2	9	=	5	3
2	4	+	2	0	=	4	4
4	4	+		9	=	5	3

1

36 + 42 = ____ ☐
36 + 37 = ____ ☒
36 + 29 = ____ ☐

3	6	+	3	7	=		
		+			=		
		+			=		

		+			=		
		+			=		
		+			=		

2

48 + 17 = ____ ☐
48 + 21 = ____ ☐
48 + 35 = ____ ☐

		+			=		
		+			=		
		+			=		

		+			=		
		+			=		
		+			=		

3

27 + 38 = ☐
27 + 45 = ____ ☐
27 + 61 = ____ ☐

		+			=		
		+			=		
		+			=		

		+			=		
		+			=		
		+			=		

4

53 + 16 = ☐
68 + 25 = ____ ☐
47 + 39 = ____ ☐

		+			=		
		+			=		
		+			=		

		+			=		
		+			=		
		+			=		

5

19 + 73 = ____ ☐
35 + 44 = ____ ☐
26 + 56 = ____ ☐

		+			=		
		+			=		
		+			=		

		+			=		
		+			=		
		+			=		

6

47 + 19 = ____ ☐
52 + 34 = ____ ☐
64 + 27 = ____ ☐

		+			=		
		+			=		
		+			=		

		+			=		
		+			=		
		+			=		

1 bis 6 Welche Aufgaben gehen über den Zehner? Aufgaben ankreuzen, dann alle Aufgaben rechnen.

Subtrahieren zweistelliger Zahlen mit Zehnerübergang

1

54 – 26

Erst die Zehner weg.

54 – 26 =
54 – 20 = 34

Erst weg bis zum Zehner, ...
Nun die Einer weg.

54 – 26 =
54 – 20 = 34
34 – 4 = 30

... dann weiter.

54 – 26 = 28
54 – 20 = 34
34 – 4 = 30
30 – 2 = 28

2

54 – 16 =
– =
– =
– =

54 – 36 =
– =
– =
– =

54 – 46 =
– =
– =
– =

3

84 – 16 =
– =
– =
– =

84 – 36 =
– =
– =
– =

84 – 46 =
– =
– =
– =

4

63 – 25 =
– =
– =
– =

62 – 49 =
– =
– =
– =

84 – 35 =
– =
– =
– =

5

75 – 18 =
– =
– =
– =

96 – 39 =
– =
– =
– =

47 – 28 =
– =
– =
– =

6

92 – 16 =
– =
– =
– =

63 – 35 =
– =
– =
– =

91 – 53 =
– =
– =
– =

7

52 – 24 =
– =
– =
– =

75 – 48 =
– =
– =
– =

75 – 69 =
– =
– =
– =

1 Erzählen, wie die Aufgabe gerechnet und geschrieben wird.

1

83 − 27 =	63 − 27 =	93 − 27 =
− =	− =	− =
− =	− =	− =
− =	− =	− =

2

71 − 35 =	92 − 14 =	33 − 28 =
− =	− =	− =
− =	− =	− =
− =	− =	− =

3

64 − 48 =	85 − 47 =	54 − 25 =
− =	− =	− =
− =	− =	− =
− =	− =	− =

4

92 − 16 =	75 − 37 =	86 − 47 =
− =	− =	− =
− =	− =	− =
− =	− =	− =

5

84 − 26 = ____	93 − 18 = ____	72 − 25 = ____
64 − 26 = ____	93 − 37 = ____	72 − 45 = ____
94 − 26 = ____	93 − 45 = ____	72 − 35 = ____

18 27 37 38 47 48 56 58 68 75

6

92 − 25 = ____	64 − 16 = ____	76 − 19 = ____
92 − 35 = ____	64 − 26 = ____	76 − 29 = ____
92 − 45 = ____	64 − 36 = ____	76 − 39 = ____
92 − 55 = ____	64 − 46 = ____	76 − 49 = ____
________	________	________

Die 1. Zahl bleibt immer gleich, die 2. Zahl wird immer um ____ größer, das Ergebnis wird immer um ____ kleiner.

Subtrahieren zweistelliger Zahlen mit Zehnerübergang

1 So geht es kürzer.

53 – 27

Erst die Zehner weg.

5	3	–	2	7	=		
5	3	–	2	0	=	3	3

Nun die Einer auf einmal weg.

5	3	–	2	7	=	2	6
5	3	–	2	0	=	3	3
3	3	–		7	=	2	6

2

5	3	–	1	7	=		
		–			=		
		–			=		

5	3	–	3	7	=		
		–			=		
		–			=		

5	3	–	4	7	=		
		–			=		
		–			=		

3

8	2	–	2	6	=		
		–			=		
		–			=		

9	2	–	2	6	=		
		–			=		
		–			=		

6	2	–	2	6	=		
		–			=		
		–			=		

4

9	4	–	3	8	=		
		–			=		
		–			=		

6	4	–	2	5	=		
		–			=		
		–			=		

7	3	–	4	6	=		
		–			=		
		–			=		

5

61 – 17 = ____ 93 – 37 = ____ 84 – 55 = ____
82 – 35 = ____ 65 – 28 = ____ 63 – 36 = ____
34 – 18 = ____ 44 – 26 = ____ 52 – 27 = ____

16 18 25 27 29 37 41 44 47 56

6

90 – 28 = ____ 80 – 27 = ____ 90 – 45 = ____
30 – 16 = ____ 60 – 33 = ____ 100 – 28 = ____
70 – 37 = ____ 70 – 18 = ____ 100 – 52 = ____

14 27 33 36 45 48 52 53 62 72

7

90 – 25 = ____ 80 – 35 = ____ 40 – 19 = ____
50 – 18 = ____ 70 – 34 = ____ 70 – 36 = ____
70 – 45 = ____ 90 – 57 = ____ 80 – 28 = ____

21 25 32 33 34 36 39 45 52 65

1 Erzählen, wie Zahline die Aufgabe kürzer schreibt.
5 bis 7 Gegebenenfalls die Aufgaben schrittweise im Heft lösen.

65 − 24 = 41 ☐
65 − 26 = 39 ☒
65 − 29 = 36 ☒

6	5	−	2	6	=	3	9
6	5	−	2	0	=	4	5
4	5	−		6	=	3	9

6	5	−	2	9	=	3	6
6	5	−	2	0	=	4	5
4	5	−		9	=	3	6

1

74 − 32 = ____ ☐
74 − 45 = ____ ☒
74 − 58 = ____ ☐

7	4	−	4	5	=		
		−			=		
		−			=		

		−			=		
		−			=		
		−			=		

2

53 − 26 = ____ ☐
53 − 31 = ____ ☐
53 − 48 = ____ ☐

		−			=		
		−			=		
		−			=		

		−			=		
		−			=		
		−			=		

3

92 − 74 = ____ ☐
92 − 55 = ____ ☐
92 − 41 = ____ ☐

		−			=		
		−			=		
		−			=		

		−			=		
		−			=		
		−			=		

4

65 − 27 = ____ ☐
71 − 49 = ____ ☐
87 − 53 = ____ ☐

		−			=		
		−			=		
		−			=		

		−			=		
		−			=		
		−			=		

5

46 − 14 = ____ ☐
58 − 29 = ____ ☐
64 − 37 = ____ ☐

		−			=		
		−			=		
		−			=		

		−			=		
		−			=		
		−			=		

6

81 − 45 = ____ ☐
79 − 26 = ____ ☐
63 − 27 = ____ ☐

		−			=		
		−			=		
		−			=		

		−			=		
		−			=		
		−			=		

1 bis 6 Welche Aufgaben gehen über den Zehner? Aufgaben ankreuzen, dann alle Aufgaben rechnen.

Übungen zum Addieren und Subtrahieren

1

28 + 35 =
 + =
 + =

45 + 27 =
 + =
 + =

2

34 + 47 =
 + =
 + =

56 + 38 =
 + =
 + =

48 + 39 =
 + =
 + =

69 + 29 =
 + =
 + =

3

44 + 18 = ____
55 + 27 = ____
68 + 25 = ____

38 + 27 = ____
26 + 26 = ____
57 + 27 = ____

46 + 28 = ____
25 + 39 = ____
66 + 26 = ____

52 58 62 64 65 74 82 84 92 93

4

92 – 28 =
 – =
 – =

84 – 35 =
 – =
 – =

75 – 47 =
 – =
 – =

5

63 – 17 =
 – =
 – =

54 – 26 =
 – =
 – =

96 – 39 =
 – =
 – =

6

45 – 29 =
 – =
 – =

92 – 54 =
 – =
 – =

36 – 78 =
 – =
 – =

7

45 – 19 = ____
64 – 37 = ____
93 – 45 = ____

33 – 18 = ____
83 – 46 = ____
74 – 36 = ____

91 – 34 = ____
72 – 43 = ____
53 – 28 = ____

15 25 26 27 29 37 38 42 48 57

3 und 7 Gegebenenfalls die Aufgaben schrittweise im Heft lösen.

1

+ 35	
48	83
38	73
59	

2

+ 26	
65	
45	
55	

+ 48	
28	
48	
38	

+ 37	
47	
57	
27	

+ 19	
61	
31	
21	

3

– 54	
100	
80	
70	

– 66	
90	
80	
100	

– 42	
71	
81	
91	

– 38	
75	
95	
55	

4

5

Zahlen von

0 bis 20 21 bis 40 41 bis 60 61 bis 80 81 bis 100

Aufgaben im Kopf oder schriftlich im Heft lösen.